ESQUISSE

SUR

L'HOMME,

CONSIDÉRÉ DEPUIS LE MOMENT OU IL A ÉTÉ CONÇU JUSQU'A CELUI OU IL A CESSÉ D'ÊTRE.

DISCOURS

PRONONCÉ A LA SOCIÉTÉ ROYALE DE MÉDECINE DE TOULOUSE LE 17 FÉVRIER 1824;

PAR M. CONTÉ,

L'UN DE SES MEMBRES, DOCTEUR DE LA FACULTÉ DE MÉDECINE DE MONTPELLIER, CORRESPONDANT DE LA SOCIÉTÉ MÉDICALE D'ÉMULATION DE PARIS, etc.

TOULOUSE, IMPRIMERIE DE J.-J. BENICHET AINÉ, RUE DE LA POMME, N.° 22.

ESQUISSE

SUR

L'HOMME,

CONSIDÉRÉ DEPUIS LE MOMENT OU IL A ÉTÉ CONÇU JUSQU'A CELUI OU IL A CESSÉ D'ÊTRE (1);

Discours prononcé à la Société royale de Médecine de Toulouse le 17 février 1824.

EN se réunissant en société, les hommes eurent pour but leur bonheur. Pour parvenir à ce but, ils se créérent de nombreux besoins qui, au lieu de le leur faire atteindre comme ils le pensaient, ne firent que les en éloigner de plus en plus en leur fesant perdre de vue la voie qui pouvait seule les y conduire. Ils errèrent long-temps, parce qu'ils n'avaient pas su saisir d'abord le fil qui devait guider leurs pas dans le labyrinthe où ils venaient de s'engager; ce ne fut qu'au moment où ils s'aperçurent que la connaissance d'eux-mêmes était la première chose qu'ils devaient acquérir, qu'ils purent se féli-

(1) Je parle dans ce discours de l'homme seulement, je n'ai voulu que le dépeindre à grands traits dans les quatre principales périodes de sa vie.

citer d'avoir trouvé ce fil admirable et s'écrier qu'ils pourraient un jour devenir heureux.

La connaissance de l'homme est donc indispensable à son bonheur. Les ministres du Temple de Delphes étaient bien convaincus de cette vérité, lorsqu'ils écrivirent en lettres d'or sur son frontispice, ces paroles remarquables de Chylo, de Lacédémone, Γνωθι σεαυτον *connais-toi toi-même*, qui étaient passées en proverbe au rapport de Pline (1). Tous les philosophes de l'antiquité, comme ceux des temps modernes, ne cessent de les répéter dans leurs ouvrages; tous ont reconnu l'utilité de la science de l'homme, de cette belle science que Barthez appelle la première de toutes (2); tous en ont aussi recommandé particulièrement l'étude.

En effet, c'est elle qui devrait occuper ceux qui

---

(1) « Chylo, lacédémonien, avoit telle réputation entre les hommes, qu'on tenoit son dire comme un oracle; mesme on consacra trois de ses proverbes, et les escrivit-on en lettres d'or au Temple d'Apollo Delphique. Par le premier, il ordonnoit à un chacun de se cognoistre soy-mesme. Par le second, il défendoit de ne convoister trop quelque chose que ce fût. Par le tiers, il disoit que deptes et procès estoient tousjours accompagnés de misère. Ce grand personnage mourut de joye d'avoir entendu que son fils avoit emporté le prix ès Tournois et jeux du Mont Olympe; et de fait, toute la Grèce lui fist honneur à ses funérailles ». (Pline, Hist. nat., liv. 7).

(2) Nouveaux élémens de la science de l'homme.

travaillent au bonheur du genre humain ; elle est sur-tout indispensable au moraliste et au médecin ; à celui-là, pour tracer les principes qui doivent régler la conduite de l'homme civilisé, et à celui-ci, pour arracher à la douleur sa victime.

Tous les deux doivent étudier le physique comme le moral s'ils veulent atteindre leur but. C'est, n'en doutons pas, pour avoir négligé l'étude de l'une ou de l'autre de ces deux parties, que nous avons vu les métaphysiciens et les médecins inventer tour à tour des systèmes plus ou moins ridicules qui n'auraient jamais dû voir le jour.

Que la science du physique précède celle du moral, que l'on cherche, le Scalpel à la main, à connaître au milieu des froides dépouilles de l'homme la texture de ses différens organes, si l'on veut acquérir des idées précises sur les fonctions qu'ils exécutent : voilà la marche qui nous paraît la plus sûre pour parvenir à sa connaissance.

Traçons donc une esquisse de sa vie ; essayons de le montrer tel qu'il est depuis le moment où il a été conçu jusques à celui où il a cessé d'être (1).

Un petit amas de mucosité résultant de l'agglomération des molécules de *l'aura seminalis*, introduites dans l'utérus pendant l'acte de la fécondation,

(1) Voyez pour de plus amples détails, Buffon et Virey, qui ont traité ce sujet dans toute son étendue.

est le principe de celui qui est appelé avec juste raison le chef-d'œuvre du créateur. Placé dans la matrice, comme la plante parasiste sur l'arbre qui la nourrit, il s'y développe peu à peu, augmente de densité et prend bientôt la forme qu'il doit avoir dans le cours de la vie. Le cœur, cet organe essentiel paraît le premier; les vaisseaux qui en partent, la tête et les parties supérieures du corps se montrent ensuite; bientôt après se développent toutes celles qui doivent en occuper les régions inférieures.

Plongé pendant neuf mois dans un milieu liquide dont la température est toujours égale, il y prend l'accroissement et les forces nécessaires pour habiter dans une atmosphère beaucoup plus rare, où il restera toute la vie.

Parvenu à la lumière, il se plaint de la sensation incommode que lui occasionne le changement subit de température et de milieu. Il respire pour la première fois cet air atmosphérique dont il ne peut plus se passer; il rend le méconium et les urines; il aperçoit les rayons lumineux aussitôt qu'il est entré dans le monde, avantage que la plupart des autres espèces d'animaux ne partagent pas avec lui, car ils ne voient le jour que quelque temps après leur naissance. Son oreille devient alors sensible aux impressions sonores; ses nerfs olfactifs aux émanations qui s'élèvent des corps odoriférans; son palais aux molécules sapides; enfin, sa peau commence à sentir les différences qui existent entre le froid et le chaud, le sec et l'humide, le mou et le dur. Il ne reçoit plus sa nourriture par le cordon ombilical comme il le fesait pendant son séjour dans l'utérus ; il est obligé d'avaler, pour la première fois, un aliment qui lui convienne, et il trouve cet aliment tout préparé dans deux réservoirs que la nature a placés sur le sein maternel. Guidé par l'instinct, il va y sucer à longs traits ce lait précieux destiné à l'entretien de ses faibles organes.

A mesure qu'il s'éloigne de sa naissance, l'enfant voit augmenter ses forces ; il éprouve bientôt le besoin de prendre des alimens solides. La nature, cette bonne mère qui a tout prévu, fait alors éclore des dents qu'elle a artistement taillées et disposées selon les usages auxquels elle les destine. Comme elles n'étaient pas utiles à l'enfant pendant les six premiers mois de sa vie, elle les avait tenues cachées dans l'épaisseur des os maxillaires, et ce n'est qu'à cette époque qu'elle les fait paraître, parce qu'elles vont devenir indispensables à son existence ; moment terrible, digne de la plus grande attention, puisqu'une série de douleurs va le tourmenter jusqu'à la fin de la deuxième année, et lui ravir peut-être le flambeau de la vie qu'il vient d'allumer.

Du douzième au quinzième mois, l'enfant commence à bégayer et à prononcer deux ou trois mots qui sont les mêmes, selon Tourtelle et Buffon, dans toutes les langues et chez tous les peuples (1).

(1) Tourtelle, élémens d'Hygiène.
OEuvres, de Buffon, tome 3. Ces mots sont *baba*, *papa*, *mama*.

Depuis la fin de la deuxième jusques à la septième année l'orage se calme ; les fonctions assimilatrices deviennent extrêmement actives ; le cerveau et les nerfs prennent un développement que les autres organes ne peuvent pas avoir encore ; les sens sont dans une activité étonnante, tout les excite ; voilà pourquoi l'on a appelé cet âge le temps des impressions. La tête devient alors le centre de fluxion ; la vie y est plus active que dans les autres parties où la nutrition paraît seule s'opérer ; l'enfant se voit par cela même exposé à plusieurs affections morbides qui attaquent cette région, ainsi que le système lymphatique qui prédomine à cette époque, maladies qui disparaissent ordinairement à la puberté.

A mesure qu'il se développe, son intelligence s'accroît; la mémoire qui en est une des premières facultés, est aussi la première en exercice ; c'est elle qui va ramasser tous les matériaux nécessaires pour former le jugement.

A sept ans, la plupart de ses dents tombent pour être remplacées par de nouvelles qui doivent rester toute la vie. Des amusemens innocens l'occupent entièrement jusques à l'âge de la puberté, qui arrive dans nos climats à quatorze ans.

Cette nouvelle phase de la vie humaine (l'adolescence) qui va se manifester, est remarquable par la révolution ordinairement salutaire qui survient tant au physique qu'au moral de l'homme. Les organes sexuels, qui avaient resté muets jusques alors, se développent tout à coup; le larinx s'agrandit; la voix est plus forte; les organes pectoraux, en acquérant plus de volume, deviennent le centre de fluxion. Toute l'habitude du corps prend chez lui l'accroissement en hauteur qu'il doit avoir. La barbe paraît; le pubis et les aisselles se couvrent de poils; en un mot, il devient homme. Les hémoragies actives du nez, des poumons, les différentes maladies de la poitrine arrivent, tandis que celles de la tête et les autres qui sont propres à l'enfance se dissipent. De nouvelles sensations se développent : l'imagination, cette faculté de l'intelligence qu'un philosophe moderne appelle la coquette de l'âme, entre en exercice; c'est elle qui va créer mille fantômes, qui va ouvrir la porte aux passions, et montrer tous les objets au travers d'un fort microscope.

Un sentiment de volupté, dont il ne peut se rendre raison, agite encore plus l'adolescent. Il a un excès de vie qui l'embarrasse, si je puis le dire; il éprouve le besoin d'aimer sans connaître l'objet chéri qui doit captiver son amour. Tout réveille en lui l'imagination, aussi est-il susceptible des actions qui en dépendent, et qui sont toutes marquées du sceau de la grandeur.

Que l'attention du moraliste s'arrête sur ces deux phases de la vie que nous venons d'examiner, qu'il les médite long-temps, car c'est le moment où il peut se permettre d'imprimer dans le jeune cerveau de l'homme les idées qui peuvent le conduire au vrai bonheur et lui faire supporter avec plaisir le fardeau de son existence dont il ne connaît pas encore le poids.

L'adolescence, que les poëtes ont appelée le printemps de la vie et dans laquelle ils nous dépeignent les héros des romans, est remplacée par l'âge adulte (c'est ordinairement à vingt-cinq ans que cette révolution s'opère, et à soixante qu'elle se termine). L'homme connaît alors toute son indépendance et le but pour lequel la nature l'a fait. Le tempérament, c'est-à-dire cette disposition de notre corps à se laisser influencer par tel ou tel autre appareil d'organes, est entièrement formé. Le centre de fluxion commence à se déplacer, il tend vers le bas-ventre qu'il envahit totalement dans la vieillesse. L'accroissement en hauteur se termine, celui en grosseur se manifeste; le flux hémorroïdal vient remplacer les autres hémorragies actives. L'hypochondrie, la mélancolie, l'asthme, la goutte, et une infinité d'autres maladies nouvelles paraissent. L'intelligence acquiert toute sa force, l'ambition devient la passion dominante; c'est à cet âge que l'on voit le grand Alexandre faire la conquête de l'Asie, César celle des Gaules; Charles douze quitter la Suède pour terrasser Pierre le Grand et abattre son nouvel empire; Napoléon se rendre maître de la belle Italie et s'assoir sur un des plus hauts trônes du monde. Montesquieu, médite alors son esprit des lois; Voltaire et Rousseau remplissent l'Europe de leur doctrine ; Condillac fait son art de penser ; Bichat publie son anatomie générale ; Barthez ses élémens sur la science de l'homme, et Desault réforme la chirurgie française et jette pour ainsi dire les fondemens de la célèbre école de Paris. L'homme est alors tout entier à la société ; il est digne d'en occuper tous les emplois ; toutes ses actions sont réfléchies, parce qu'il jouit de toute la force de son intelligence : s'il a perdu la vivacité de la jeunesse, il possède néanmoins encore toute celle qui lui est nécessaire pour le bien de la grande famille dont il fait partie.

La vieillesse succède à l'âge adulte : l'homme se sent alors décliner ; ses forces s'affaiblissent de plus en plus, et la nature, pour lui éviter l'aspect du terme fatal de son existence, commence à lui enlever peu à peu les sens de relation qui pourraient le lui montrer. En effet, le vieillard ne voit, n'entend et ne flaire presque plus les corps qui l'environnent ; il perd graduellement l'énergie de son intelligence ; ses idées ne peuvent plus se lier, se coordonner pour former le jugement (1) ; la mémoire du temps passé

---

(1) Je ne présente ici l'homme que dans les deux dernières périodes de la vieillesse, la caducité et la décrépitude ; car dans la première, qui semble se confondre avec la dernière de l'âge adulte, il possède encore toute la force de son jugement, et par cela même, il est préféré pour présider les assemblées délibérantes, et pour guider la jeunesse dans les sentiers tortueux de la vie qu'il va bientôt abandonner lui-même pour toujours.

lui reste seule ; il tombe dans une seconde enfance, comme on l'a dit ; il croit que tout ce qui l'entoure a changé parce qu'il n'éprouve plus comme auparavant l'impression des corps ambians, et qu'il ne les voit qu'à travers le prisme le plus infidèle. Il n'est plus du temps présent, si je puis parler ainsi, il ne vit que du passé ; aussi se plaît-il à raconter tout ce qu'il a fait dans sa jeunesse : ainsi le militaire vante ses exploits ; le littérateur parle avec emphase de ses productions ; le médecin de ses nombreuses cures et de ses systèmes ; l'athlète de ses tours de force, et le navigateur des nombreux écueils qu'il a su éviter dans ses voyages sur la plaine liquide. Tous vantent leurs actions et les croient supérieures à celles qui se font. Tel est l'homme moral parvenu à l'apogée de son existence. Son physique marche avec rapidité vers sa détérioration ; la vie se concentre dans le bas-ventre ; la peau perd sa perméabilité ; les muscles peuvent à peine se contracter ; les surfaces articulaires se sondent faute de synovie ; les os s'encroulent de phosphate calcaire, et la gélatine disparaît ; les artères s'ossifient en partie ; les viscères s'engouent ; le cerveau se durcit, les cheveux, après avoir blanchi, tombent ; les mâchoires se dégarnissent ; les ouvertures des parois abdonipales se relâchent (de là les différentes hernies qui affligent la plupart des vieillards) ; les membres inférieurs se laissent infiltres et présentent souvent des ulcères plus ou moins étendus ; les organes génitaux se flétrissent et n'exercent plus d'influence ; le catarrhe chronique, la paralysie, l'apoplexie et une infinité d'autres affections morbides les accablent. Les forces physiques prédominent alors sur les forces vitales, selon la juste remarque de Bichat; et ce n'est que lorsqu'elles ont repris tout leur empire sur l'individu que les lois de la vie leur avaient dérobé un instant, que l'homme cesse d'exister, qu'il meurt, c'est-à-dire qu'il rentre dans la nombreuse classe des êtres inorganiques. Son corps est alors rendu aux élémens, comme l'a dit l'Ecclésiaste, et son ame s'envole vers le Tout-Puissant qui la lui avait donnée : (*dùm revertatur pulvis in terram sicut fuit ; spiritus autem revertatur ad Deum qui dedit eum*) (1).

Telle est, Messieurs, l'esquisse que je m'étais proposé de vous donner sur l'homme, considéré depuis le moment où il a été conçu, jusques à celui où il a cessé d'être.

Si j'avais eu, Messieurs, à parler à des élèves, je ne me serais pas contenté de le dépeindre à grands traits dans les principales périodes de sa vie; je l'aurais montré subissant des modifications particulières, même dans chacune de ces périodes; ainsi l'enfance

(1) Oui, le tombeau ne recèle que le corps de Socrate et son âme se console de l'injustice des Athéniens dans le sein de l'Eternel (*).

(*) Socrate n'a bu la cigüe que pour avoir reconnu l'existence d'un seul Dieu ; mais cette doctrine avait besoin d'être cimentée par le sang du Christ pour devenir universelle.

comme l'adolescence, la virilité comme la vieillesse, nous auraient offert des variétés qui ne méritent pas moins de fixer l'attention de l'observateur; mais j'avais à parler à des praticiens instruits, plus en état que moi de traiter une pareille matière, je devais donc me contenter de remplir seulement un devoir que la société m'avait imposé, trop heureux si j'ai pu satisfaire son attente.

www.ingramcontent.com/pod-product-compliance
Ingram Content Group UK Ltd.
Pitfield, Milton Keynes, MK11 3LW, UK
UKHW022209190726
13855UKWH00004B/1687